Ernst Probst

Die Hamburger Kultur

Eine Kulturstufe der Altsteinzeit
vor etwa 15.700 bis 14.200 Jahren

Widmung
*Den Prähistorikern und Prähistorikerinnen gewidmet,
die mich bei meinen Büchern über die Steinzeit
unterstützt haben*

Impressum:
Die Hamburger Kultur
1. Auflage als Printbuch: April 2021
Autor: Ernst Probst
Im See 11, 55246 Mainz-Kostheim
Telefon: 06134/21152
E-Mail: ernst.probst (at) gmx.de
Herstellung: Amazon Distribution GmbH, Leipzig
Alle Rechte vorbehalten
ISBN: 979-8-738-55149-9

Vorwort

Um das Leben der Rentierjäger vor etwa 15.700 bis 14.200 Jahren in Schleswig-Holstein und im nördlichen Niedersachsen geht es in dem Taschenbuch „Die Hamburger Kultur". Verfasser ist der Wiesbadener Wissenschaftsautor Ernst Probst, der 1991 das Buch „Deutschland in der Steinzeit" veröffentlichte. Aus diesem 620-seitigen Werk stammt der nachfolgende Text über die „Hamburger Kultur", die 1933 von dem Kieler Prähistoriker Gustav Schwantes ihren Namen erhielt. Um die Erforschung jener Kulturstufe der jüngeren Altsteinzeit hat sich der Ahrensburger Prähistoriker Alfred Rust verdient gemacht. Von den Jägern und Sammlern aus der Zeit vor mehr als 14.000 Jahren kennt man bisher nur Reste von Zelten, Werkzeuge, Jagdwaffen, Jagdbeute und einige Kunstwerke. Skelettreste, Gräber oder Heiligtümer wurden noch nicht entdeckt. Die geistige Welt dieser Nomaden könnte von der Furcht vor unerklärlichen Naturerscheinungen, in denen man das Werk von Geistern oder Göttern erblickte, geprägt gewesen sein.

*Zeltlager von Rentierjägern der „Hamburger Kultur"
in der Gegend von Hamburg.
Zeichnung von Fritz Wendler (1941–1995)
für das Buch „Deutschland in der Steinzeit" (1991)
von Ernst Probst*

Inhalt

Vorwort / Seite 3

Die Hamburger Kultur / Seite 7

Literatur / Seite 41

Der Autor / Seite 45

Bücher von Ernst Probst / Seite 47

*Kieler Prähistoriker Gustav Schwantes (1881–1960).
Foto aus Kakteenkunde, Jahrgang 1936, Heft 2, S. 27*

Die „Hamburger Kultur"

In Schleswig-Holstein und im nördlichen Niedersachsen lebten teilweise zur gleichen Zeit wie die Angehörigen der Kulturstufe Magdalénien in den südlich angrenzenden Gebieten Deutschlands vor etwa 15.700 bis 14.200 Jahren die Jäger und Sammler der „Hamburger Kultur". Diese Kulturstufe war außerdem gebietsweise in den Niederlanden, in Dänemark und in Polen verbreitet. Den Begriff „Hamburger Kultur" (auch Hamburger Gruppe oder Hamburgium) hat 1933 der Kieler Prähistoriker Gustav Schwantes (1881–1960) vorgeschlagen, weil man bei Hamburg Fundstellen dieser Stufe entdeckte. 1931 wurde der Fundplatz Hamburg-Wellingsbüttel bekannt, 1933 der Fundplatz Stellmoor in Hamburg-Meiendorf.

Der in Bleckede an der Elbe geborene Schwantes war Lehrer, promovierte 1923 und wirkte ab 1923 als Kustos am Museum für Völkerkunde und Vorgeschichte in Hamburg. 1928 habilitierte er sich, wurde 1929 Museumsdirektor in Kiel, 1931 außerordentlicher Professor und 1937 Ordinarius an der „Universität Kiel". Von ihm stammen die Begriffe „Hamburger Kultur", „Ahrensburger Kultur", Duvensee-Gruppe und Oldesloer Gruppe.

Die ältere, mittlere und jüngere Altsteinzeit lassen sich vor allem durch bestimmte „Ensembles" von Steinwerkzeugen gliedern. Ab der jüngeren Altsteinzeit kommen Knochengeräte und Kunstwerke dazu. Diese „Ensembles" wurden früher von den Prähistorikern als Kulturen bezeichnet. Heute spricht man von Technokomplexen, Industrien, archäologischen Stufen oder Kulturstufen. Aus diesem Grunde werden die Begriffe „Hamburger Kultur", „Bromme-Kultur" (vor etwa 13.400 bis 12.500 Jahren) oder „Ahrensburger Kultur" (vor etwa 12.760 bis

Britischer Geologe Archibald Geikie (1835–1924).
Foto: Werner & Son, Cassell´s universal portrait gallery
(via Wikimedia Commons),
Lizenz: gemeinfrei (Public domain)

11.650 Jahren), die schon vor etlichen Jahrzehnten eingeführt wurden und häufig im Schrifttum zu finden sind, in diesem Text in Anführung gesetzt. Die Technokomplexe der Altsteinzeit sind entweder nach der Form bestimmter typischer Steinwerkzeuge (beispielsweise Geröllgeräte-Industrien) oder nach Fundorten (wie das Aurignacien vor etwa 40.000 bis 31.000 Jahren nach der Höhle von Aurignac in Frankreich) benannt, an denen man die charakteristischen „Ensembles" zuerst entdeckte oder beschrieb.

Die „Hamburger Kultur" fiel in die letzten sieben Jahrhunderte der Mecklenburg-Phase der norddeutschen Weichsel-Eiszeit. Die Mecklenburg-Phase (auch Mecklenburg-Stadium oder Mecklenburg-Vorstoß genannt) dauerte etwa von 17.000 bis 15.000 Jahren. Während jener Phase erfolgte der letzte Vorstoß skandinavischer Gletscher. Der Begriff Mecklenburg-Phase geht auf den britischen Geologen Archibald Geikie (1835–1924) zurück der 1895 in seiner Gliederung des Eiszeitalters ein Mecklenburgian erwähnte.

Die anschließende Warmphase Meiendorf-Interstadial vor etwa 14.500 bis 13.850 Jahren ist nach dem Pollenprofil von Hamburg-Meiendorf benannt. Die Begriffe Meiendorf-Intervall und Meiendorf-Interstadial wurden 1968 bzw. 1985 von dem Kieler Geologen Burchard Menke geprägt. Im Meiendorf-Interstadial gedieh eine Strauchtundra mit einem hohen Anteil von Sonnenpflanzen, Zwergbirken, Weiden, Sanddorn und Wacholder. Die Wintertemperaturen nahmen damals bis zu 20 Grad Celsius zu. Statt minus 25 Grad herrschten nun minus 5 Grad minus und statt minus 15 Grad nun plus 5 Grad. Fellnashörner *(Coelodonta antiquitatis)* und Höhlenhyänen *(Crocuta crocuta spelaea)* waren bereits verschwunden und Mammute *(Mammuthus primigenius)* selten. Höhlenlöwen *(Panthera spelaea)* gab es nur noch zu Beginn des Meiendorf-Interstadials.

*Lebensbild eines Fellnashorns,
geschaffen von dem Berliner Tiermaler
Heinrich Harder (1858–1935)*

*Lebensbild eines Höhlenlöwen
geschaffen von dem Berliner Tiermaler
Heinrich Harder (1858–1935)*

*Der Ahrensburger Prähistoriker Alfred Rust (1900–1983)
hat sich durch seine Ausgrabungen und Veröffentlichungen
um die Erforschung der „Hamburger Kultur"
und „Ahrensburger Kultur" große Verdienste erworben.
Foto: Dipl.-Ing. Klaus Möller, Ahrensburg*

Laut dem Buch „Deutschland in der Steinzeit" (1991) von Ernst Probst dauerte die „Hamburger Kultur" – nach damaligem Wissensstand – rund tausend Jahre lang von etwa 15.000 bis 14.000 Jahren. Im Online-Lexikon „Wikipedia" dagegen ist heute von etwa 15.700 bis 14.200 Jahren die Rede, was einer Dauer von ungefähr 1.500 Jahren entspricht.
Wie die Landschaft in der Hamburger Gegend nach dem Abschmelzen des Gletschereises vor etwa 15.000 Jahren ausgesehen haben soll, hat der Ahrensburger Prähistoriker Alfred Rust (1900–1983) anschaulich beschrieben. Rust machte sich nicht nur um die Erforschung der „Hamburger Kultur" sehr verdient. Zunächst war er Elektromeister. Von 1930 bis 1933 betätigte er sich als Ausgräber in Jabrud (Syrien), wohin er mit dem Fahrrad gelangt war. Ab 1933 forschte und grub er für das „Schleswig-Holsteinische Museum für Vor- und Frühgeschichte" in Schleswig. 1942 habilitierte er sich in Kiel. Er verfasste zahlreiche wissenschaftliche Abhandlungen.
Nach Ansicht von Rust breitete sich in der Hamburger Gegend – so wie heute in Nordsibirien und Grönland – eine Tundrenvegetation aus, in der Silberwurz und Steinbrech, aber auch zwergförmige Birken und Weiden gediehen. Da diese Pflanzen kaum Kniehöhe erreichten, war das Land weit zu überblicken. Von den restlichen Gletscherfeldern Skandinaviens wehten eisige Stürme. Der eis- und schneefreie Sommer dauerte nur etwa drei Monate. In dieser kurzen Wachstumsspanne mussten Blüte, Befruchtung und Samenbildung abgeschlossen sein. Denn bald war das Land wieder von meterhohem Schnee bedeckt. Der Boden blieb sogar im Sommer tief gefroren und taute nur oberflächlich ein wenig auf. Der Dauerfrostboden reichte bis zu 50 oder gar 100 Meter tief.
Rust nahm an, dass während des kurzen Sommers Rentierherden in Schleswig-Holstein einwanderten, wo sie Gras und

Zwerg-Birken (Betula nana).
Foto: Foledman / CC BY-SA 4.0 (via Wikimedia Commons),
lizensiert unter Creative-Commons-Lizenz by-sa-4.0,
https://creativecommons.org/licenses/by-sa/4.0/legalcode

Renmoos ästen und weniger von lästigen Insekten geplagt wurden als in dem südlicher gelegenen Klimagürtel, in dem sie sich im Winter aufhielten. Das reiche Vorkommen an Rentieren und die geringere Insektenplage hätten die Jäger der „Hamburger Kultur" bewogen, sich im Sommer in Schleswig-Holstein aufzuhalten.
Gestützt auf die neuere Klimaforschung vertrat der Schleswiger Prähistoriker Klaus Bokelmann 1979 eine von Rust abweichende Auffassung, indem er darauf verwies, dass der Gletscherrand zur Zeit der „Hamburger Kultur" einige hundert Kilometer weiter nördlich von Schleswig-Holstein lag und die klimatischen Bedingungen keinesfalls so hart waren, wie früher angenommen wurde. Auch im Winter hätten sich Rentiere in Schleswig-Holstein behaupten können und den Hamburger Jägern zumindest zeitweise reiche Beute geboten.
Dem Online-Lexikon „Wikipedia" zufolge lag das Verbreitungsgebiet der „Hamburger Kultur" nördlich der Mittelgebirgsschwelle. Charakteristisch seien saisonale Jagdplätze gewesen, an denen vor allem Rentiere gejagt worden seien. Winterlager hätten im Bereich der heutigen südlichen Nordsee gelegen. Deren Küstenlinie reichte damals, weil viel Wasser im Gletschereis der Weichsel-Eiszeit gebunden war, nur bis zur Doggerbank. Der Norden von Ostdeutschland und Pommern sei ein Feuchtgebiet mit sehr vielen Mooren und Sümpfen gewesen, weshalb Funde an der Ostseeküste eher selten seien.
Von Fundstellen der „Hamburger Kultur" kennt man Reste von Enten, Gänsen, Möwen, Schneehühnern, Alpenstrandläufern, Kranichen, Tüpfelsumpfhühnern und Schwänen. Außerdem sind dort Skelettreste vom Rentier, Wildpferd, Fuchs, Vielfraß, Iltis, Ziesel, Hasen, Lemming und der Ungarischen Bisamspitzmaus geborgen worden.

*Rentier (Rangifer tarandus) in Lappland (Schweden).
Foto: Alexandre Buisse (User Nattfodd) / www.alexbuisse.com /
CC BY-SA 3.0 (via Wikimedia Commons,
lizensiert unter Creative-Commons-Lizenz by-sa-3.0,
https://creativecommons.org/licenses/by-sa/3.0/legalcode*

*Weißschwanz-Alpenschneehuhn (Lagopus leucuras)
aus den Rocky Mountains, Alberta.
Foto: John Hill / CC BY-SA 3.0,
lizensiert unter Creative-Commons-Lizenz by-sa.3.0,
https://creativecommons.org/licenses/by-sa/3.0/legalcode*

Rentiere wanderten im Sommer in großen Herden in die nördlichen Tundrengebiete. Im Winter kehrten sie in die südlicheren Gebiete zurück. Die Jäger der „Hamburger Kultur" jagten außer Rentieren auch Wildpferde, Niederwild und Vögel und betrieben Fischfang.

Da von den Angehörigen der „Hamburger Kultur" bisher keine Skelettreste oder bewusst durchgeführte Bestattungen entdeckt wurden, ist über ihr Aussehen, ihre Körpergröße und über ihre Krankheiten nichts bekannt. Sicher ist nur, dass sie wie ihre südlichen Nachbarn, die Magdalénien-Leute, zu den eiszeitlichen Jetztmenschen *(Homo sapiens)* gehörten.

Vielleicht schlossen sich die Jäger der „Hamburger Kultur" im Winter zu einem Stamm mit bis zu 50 Männern, Frauen und Kindern zusammen. In der kalten Jahreszeit dürften sie vor allem von ihren Vorräten gelebt haben. Im Sommer teilte sich vermutlich der Stamm in einzelne Familien auf. Andernfalls wären der Wildbestand bald stark gelichtet und die Tiere vergrämt worden.

Besonders viele Winterlager wurden im Ahrensburg-Meiendorfer Tunneltal (Kreis Stormarn) östlich von Hamburg entdeckt. Die ersten Funde glückten dort bereits 1906 dem Landesgeologen an der damaligen „Königlich Preußischen Landesanstalt" in Berlin, Wilhelm Wolff (1872–1951). Er barg auf dem Stellmoorhügel zahlreiche bearbeitete Feuersteine. Zum Ahrensburg-Meiendorfer Tunneltal mussten die Jäger vielleicht die für den Aufbau von Zelten benötigten Holzstangen mitbringen, weil es in dieser baumlosen Gegend kein ausreichend langes Holz gab. Diese Ansicht vertrat jedenfalls Alfred Rust. Vielleicht haben sie auch die aus aneinander genähten, gegerbten Rentierfellen bestehenden Zeltplanen mitgebracht. Für deren Transport wären allerdings Schlitten erforderlich gewesen.

Am Ziel angekommen, band man die Holzstangen oben mit einem Lederriemen zusammen und stellte sie als schräges Zeltgerüst auf. Auf diese Konstruktion wurde die Zeltplane gelegt. Den Rand der Zeltwand hat man mit Sand beschwert. Sturmfest gemacht wurde das Zelt mit schweren Steinen, an denen man lederne Haltetaue befestigte, die vom First des Zeltes herunterhingen. Den Fußboden im Zeltinnern bedeckte man mit Zweigen von Zwergbirken und -weiden und Moosen, darüber breitete man die Rentierfelle aus. Auf diesem bequemen Lager konnte man gut sitzen oder liegen.
Nach den bisherigen Funden zu schließen, bestanden die Winterlager der „Hamburger Kultur" stets aus Zelten, die man in dieser oder ähnlicher Weise errichtete. Überreste solcher Zelte sind die verwendeten Steine, Wohngruben und -mulden sowie Reste von Feuerstellen.
Am Fundort Ahrensburg-Borneck markiert eine Ansammlung größerer Steine, die in Form zweier ineinander gelegter Kränze gesetzt waren, die Grundrisse eines Sommerlagers. Der innere ovale Steinkranz hatte einen Durchmesser von 3,50 bzw. 2,50 Metern. Er diente zur Befestigung eines Innenzeltes, das wohl als Schlafraum diente. Um das Innenzelt lag eine Reihe kleinerer Steine, die vermutlich die Belastungssteine eines 5,50 Meter messenden hufeisenförmigen Außenzeltes waren. Eine Feuerstelle und ein Arbeitsplatz mit einer Anhäufung verschiedener Werkzeuge befanden sich außerhalb des Zeltes und verwiesen damit darauf, dass es sich hier um eine Sommerbehausung handelte. In Ahrensburg-Borneck grub Alfred Rust 1946.
Am Fundort Ahrensburg-Teltwisch 1 entdeckte man Reste eines Zeltes mit einem Durchmesser von etwa 5 Metern. Die Behausungsreste von Ahrensburg-Teltwisch 1 wurden 1971 durch den damals in Hamburg wirkenden Prähistoriker Gernot Tromnau entdeckt, die von Ahrensburg-Teltwisch 3 fand er

Bilder auf den Seiten 20 und 21:

Rentierjagd zur Zeit des Magdalénien in Süddeutschland. Gemälde von Fritz Wendler (1941–1995) für das Buch „Deutschland in der Steinzeit" (1991) von Ernst Probst

1967/68. Von Ahrensburg-Teltwisch 3 sind Reste eines Zeltes mit etwa 3,50 Meter Durchmesser bekannt. Noch größer war ein am Fundort Ahrensburg-Poggenwisch aufgebautes Zelt. Es hatte einen Durchmesser von 5 Metern. Seine Wände wurden am Boden ringsum von einem 50 Zentimeter breiten und 10 Zentimeter hohen Sandwall beschwert. Der Eingang lag im Osten und war einem Gewässer zugekehrt. In Ahrensburg-Poggenwisch nahm Alfred Rust 1951 eine Grabung vor. Am Fundort Ahrensburg-Hasewisch konnte Rust 1951 eine 3 Meter breite und 15 Zentimeter tiefe Mulde als Rest eines Zeltes nachweisen.

Andere im Ahrensburg-Meiendorfer Tunneltal ausgegrabene Reste von Zeltlagern stammen von den zeitlich etwas jüngeren Federmesser-Gruppen (etwa 12.000–10.700 Jahre) und von der „Ahrensburger Kultur" (etwa 10.700–10.000 Jahre). All diese Funde belegen, dass jene Gegend Schleswig-Holsteins gegen Ende der letzten Eiszeit immer wieder gern von Jägern und Sammlern aufgesucht worden ist.

Auf Spuren von Zelten der „Hamburger Kultur" stieß man auch in anderen Gegenden von Schleswig-Holstein (Schalkholz) und Niedersachsen (Querenstede, Dörgen, Heber, Deimern). In Schalkholz (Kreis Dithmarschen wurde im Juli 1970 der Rest einer 2 bis 3 Meter großen Wohngrube entdeckt. Entdecker waren die Kieler Geologen Wolfgang Lange und Georg Tontsch. Anfang August 1970 besichtigten Alfred Rust und Gernot Tromnau die Fundstelle. Von Querenstede (Kreis Ammerland) kennt man eine birnenförmige flache Mulde von 2,90 mal 1,40 Meter Ausdehnung und zwei kreisförmige Steinsetzungen. Diese Fundstelle wurde 1961 beim Abbaggern einer Düne entdeckt. In Dörgen (Kreis Emsland) wies man eine 2,50 Meter breite und 0,65 Meter tiefe Mulde nach. Der Fundplatz Dörgen wurde in den 1930er Jahren durch den Lehrer

Franz Wolf (1896–1955) aus Meppen entdeckt. Später führte das „Landesmuseum Hannover" Grabungen durch. Steinansammlungen in Heber (Kreis Soltau- Fallingbostel) werden als Reste von Wohnböden ehemaliger Zelte gedeutet. Der Fundplatz Heber wurde 1951 durch den Landwirt Erich Matthies aus Deimern entdeckt, der zusammen mit seinen Söhnen Feuersteinartefakte auflas. Weitere Funde glückten 1958. Daraufhin untersuchte der Mitarbeiter des Landesmuseums in Hannover, Hans-Jürgen Killmann, die Fundstelle. Auch der Fundplatz Deimern wurde von Matthies entdeckt.

Die Jäger der „Hamburger Kultur" hatten sich auf das Erlegen von Rentieren spezialisiert. Die Jagdstreifzüge in der Hamburger Gegend erfolgten größtenteils im Herbst. Bei der Jagd auf Rentiere wurden Harpunen aus Rentiergeweih mit etwa zwei Meter langem Holzschaft verwendet. Die gezackte Harpunenspitze saß lose im ausgehöhlten Holzschaft. An ihrem Ende war ein langer Lederriemen befestigt, der zu großen Ringen aufgerollt gewesen sein könnte und vom Jäger getragen wurde. Nach dem gelungenen Wurf auf ein Rentier steckte die Harpunenspitze im Körper des Tieres, das sich sozusagen an der Leine des Jägers befand. Manche Prähistoriker nehmen an, die Jäger der „Hamburger Kultur" hätten die Rentiere bereits mit Pfeil und Bogen erlegt. Die Bögen hätten aus Kiefernholz, die Sehnen aus getrockneten Rentierdärmen und die Pfeilspitzen aus Tierknochen oder Feuerstein bestanden. Archäologisch ist diese Fernwaffe in Deutschland jedoch erst bei den später auftretenden Federmesser-Gruppen und der „Ahrensburger Kultur" nachgewiesen. Auch die Verwendung des Wurfbretts – Atlatl genannt – wird diskutiert. Damit konnte man wie mit der Speerschleuder Speere werfen.

Bei der Ernährung spielte das Fleisch der Rentiere eine wichtige Rolle. Es ist denkbar, dass man sogar den Inhalt des Ren-

Wurfbrett Atlatl im Einsatz.
Zeichnung; Sebastiao da Silva Vieira / CC BY-SA 3.0
(via Wikimedia Commmons),
lizensiert unter Creative-Commons-Lizenz by-sa-3.0,
https://creativecommons.org/licenses/by/3.0/legalcode

tiermagens verzehrte Das im Rentiermagen durch die Magensäure verdaute, also aufgeschlossene Renmoos hätte wie säuerliches Gemüse geschmeckt.
Sowohl bei ihren Wanderungen zu neuen Lagerplätzen als auch bei Jagdstreifzügen waren die Menschen der „Hamburger Kultur" ausschließlich auf ihre eigenen Beine angewiesen. Offenbar war man noch nicht dazu übergegangen, Rentiere einzufangen, zu zähmen und als Zugtiere von Schlitten zu benutzen. Man weiß allerdings nicht, ob die Jäger der „Hamburger Kultur" überhaupt Schlitten bauten und damit sperrige oder schwere Lasten transportierten. Sollten sie bereits gezähmte Wölfe als Haushunde besessen haben, könnten diese in gewissem Umfang als Zugtiere herangezogen worden sein.
Nach Ansicht von Alfred Rust waren die Männer, Frauen und Kinder vermutlich wie Eskimos gekleidet. Diese Kleidung wurde aus mühsam gegerbten Rentierfellen angefertigt. Beide Geschlechter trugen wahrscheinlich jeweils eine Überwurfjacke mit nach hinten hängender Kapuze, eine Fellhose und lederne Schuhe. Die Frauen dürften auf ihre Kleidung bunte Besätze aufgenäht haben. Schmuck ist bisher nicht gefunden worden. Auffällig ist vor allem das Fehlen der bei den zeitgleichen Magdalénien-Leuten so beliebten Schmuckschnecken. Man kann aber vielleicht davon ausgehen, dass die Angehörigen der „Hamburger Kultur" zumindest Schmuck aus durchbohrten Rentierzähnen trugen.
Die Kunstwerke der „Hamburger Kultur" wurden aus Stein, Bernstein, Knochen und Rentiergeweih angefertigt. Meist stellte man Tiere dar, nur in einem einzigen Fall auch den Menschen. Verglichen mit den zahlreichen Kunstwerken des Magdalénien in Deutschland beschränken sich die Funde aus der „Hamburger Kultur" auf wenige Exemplare.

*Frau mit Muschelschmuck aus der Zeit des Magdalénien.
Zeichnung von Fritz Wendler (1941–1995)
für das Buch „Deutschland in der Steinzeit" (1991)
von Ernst Probst*

In zwei Sandsteingerölle von Meiendorf im Ahrensburg-Meiendorfer Tunneltal soll ein Raubtierkopf bzw. ein Pferdekopf eingraviert sein. Beide Deutungen sind jedoch sehr umstritten. Andererseits waren Tiermotive auf Geröllen im zeitgleichen Magdalénien durchaus üblich.

Von Meiendorf stammt außerdem eine maximal 5,6 Zentimeter breite durchbohrte Bernsteinscheibe, die auf beiden Seiten mit Gravuren versehen ist. Alfred Rust erkannte in diesem Liniengewirr einen Pferdekopf und andere Tierdarstellungen. Andere Autoren sahen statt eines Pferdekopfes eine unvollständige und unregelmäßige, die Durchbohrung einschließende Kreisfigur. Vielleicht sollte man dem Umriss dieser Bernsteinscheibe mehr Aufmerksamkeit widmen, weil dieser sehr stark einem Tierkopf ähnelt, wobei die Durchbohrung als Auge angesehen werden könnte. Aber dies ist natürlich nur eine weitere Spekulation.

Der „Hamburger Kultur" wird auch ein etwa 13 Zentimeter langes, nadel- oder pfriemartiges Knochengerät aus Groß Wusternitz (Kreis Brandenburg) zugeordnet, dessen dem der Spitze gegenüberliegendes stumpfes Ende als maskenartiges Gesicht gestaltet ist. Dieses Motiv wurde als Rinder- oder Moschusochsenkopf gedeutet. Man datiert das Kunstwerk in die „Hamburger Kultur", weil es dem Poggenwischstab sehr ähnelt. Das Knochengerät aus Groß Wusternitz wurde in den 1920er Jahren in den Haveltonen entdeckt. Die Fundumstände sind unbekannt.

Der 1951 von Alfred Rust entdeckte Poggenwischstab vom Fundort Ahrensburg-Poggenwisch (Kreis Stormarn) gilt als eines der schönsten Kunstwerke der „Hamburger Kultur". Er wurde aus Rentiergeweih geschnitzt, ist 14,8 Zentimeter lang, maximal 1 Zentimeter breit und bis zu 0,85 Zentimeter dick. Das Ober- und das Mittelteil des Stabes sind reich mit Ornamenten verziert. Das unterste Stabende schließt mit einem

*Durchlochte Bernsteinscheibe mit Einritzungen
von Meiendorf bei Ahrensburg (Kreis Stormarn)
in Schleswig-Holstein.
Die Konturen des mutmaßlichen Pferdekopfes sind nachgezogen.
Länge 5,6 Zentimeter.
Foto: Archäologisches Landesmuseum
der Christian-Albrechts-Universität zu Kiel, Schleswig*

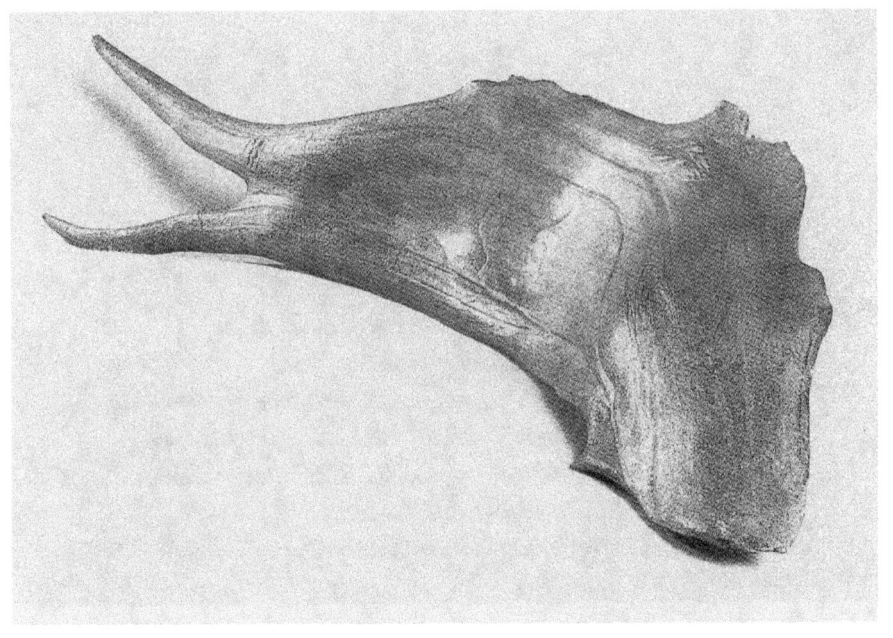

*Geweihschaufel in Gestalt eines Fisches
von Meiendorf bei Ahrensburg (Kreis Stormarn)
in Schleswig-Holstein.
Länge nahezu 75 Zentimeter.
Foto: Archäologisches Landesmuseum
der Christian-Albrechts-Universität zu Kiel, Schleswig*

Foto auf Seite 31:

*Verziertes Stäbchen aus Rengeweih
von Ahrensburg-Poggenwisch (Kreis Stormarn)
in Schleswig-Holstein
mit maskenartigem Gesicht am Ende.
Der sogenannte „Poggenwischstab" ist 14,8 Zentimeter lang,
maximal 1 Zentimeter breit und 0,85 Zentimeter dick.
Foto: Archäologisches Landesmuseum
der Christian-Albrechts-Universität zu Kiel, Schleswig*

*Französischer Prähistoriker Henri Breuil (1877–1961).
Foto: Marcel Lefrancq (1916–1974) / CC BY-SA 3.0
(via Wikimedia Commons),
lizensiert unter Wikimedia-Commons-Lizenz by-sa-3.0,
https://creativecommons.org/licenses/by-sa/3.0/legalcode*

Zapfen ab, der das Kinn eines maskenartigen Männergesichtes bildet. Zu erkennen sind zwei große Ohren, eine markante Nase, Wangen und der Mund. Die Ohren sitzen seltsamerweise da, wo sich bei manchen Tieren Hörner befinden. Vermutlich handelt es sich auch bei diesem Fund um die Darstellung eines Mischwesens. Das maskenartige Gesicht des Poggenwischstabes gleicht demjenigen auf einem Stab mit einem menschlichen Kopf aus der Placardhöhle bei Vilhonneur (Departément Charente) in Frankreich.

Das von den Maßen her bisher größte Kunstwerk der „Hamburger Kultur" kam 1933/1934 bei Ausgrabungen von Alfred Rust in Meiendorf zum Vorschein: der nahezu 75 Zentimeter lange Rest einer Geweihschaufel, deren Umriss durch Abtrennen von Sprossen und Bearbeitung des dem Schaft zugewendeten Endes so verändert wurde, dass die Form eines Fisches entstand. Der Ausgräber Alfred Rust hatte diesen Fund zunächst als Schaufel zum Graben gedeutet. Er schloss sich jedoch später der Auffassung des französischen Prähistorikers Henri Breuil (1877–1961) an, der in ihm eine Fischdarstellung erkannte.

Die bislang entdeckten spärlichen Funde von Kunstwerken der „Hamburger Kultur" könnte man bequem in einem einzigen großen Reisekoffer unterbringen. Trotzdem bezeugen bereits diese wenigen Funde einen beachtlichen Kunstsinn der Menschen jener Kulturstufe.

Auch die „Hamburger Kultur" wird zu den Klingen-Industrien der jüngeren Altsteinzeit gerechnet. Für die Steinwerkzeuge verwendete man fast ausschließlich Feuerstein als Rohstoff, der den Vorteil hatte, dass die von einem Rohstück abgeschlagenen Klingen zumeist außerordentlich scharfe Schneiden aufweisen.

Aus Silex stellten die Angehörigen der „Hamburger Kultur"

*Pfeilspitze (Kerbspitze) der „Hamburger Kultur"
aus Bjerlev Hede, Midtjylland,
im Dänischen Nationalmuseum.
Foto: Finn Arup Nielsen / CC BY-SA 3.0
(via Wikimedia Commons),
lizensiert unter Creative-Commons-Lizenz by-sa-3.0,
https://creativecommons.org/licenses/by-sa/3.0/legalcode*

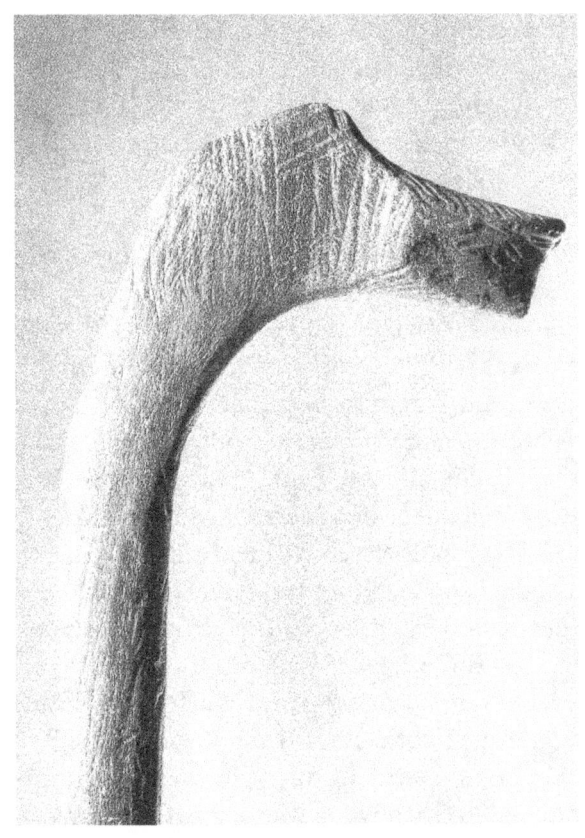

*Verzierter Riemenschneider aus Rengeweih
mit stilisiertem Gänse- oder Schwanenkopf
von Meiendorf bei Ahrensburg (Kreis Stormarn)
in Schleswig-Holstein.
Im Inneren der Schaftkrümmung steckte einst eine Feuersteinklinge.
Länge des Riemenschneiders 17 Zentimeter.
Foto: Archäologisches Landesmuseum
der Christian-Albrechts-Universität zu Kiel, Schleswig*

zahlreiche Geräte her. Als typische Silexgeräte gelten Kerbspitzen, Bohrer, Stichel, Kratzer, Zinken und Doppelzinken.

Feuersteinwerkzeuge der „Hamburger Kultur" wurden bereits 1875 und vor 1888 in der Glaner Heide bei Wildeshausen (Kreis Oldenburg) in Niedersachsen entdeckt. Im Herbst 1933 fand der Prähistoriker Hermann Schwabedissen im Osnabrücker Museum weitere Feuersteinwerkzeuge der „Hamburger Kultur", die ein Leutnant auf der Glaner Heide bei Wildeshausen entdeckt hatte und die vor 1888 dem Museum übergeben worden waren. Im Sommer 1936 fand Schwabedissen im Oldenburger Museum Feuersteinwerkzeuge der „Hamburger Kultur", die 1875 durch einen Apotheker und zu einem kleinen Teil durch den Museumsdirektor Friedrich von Alten (1822–1884) aufgelesen worden waren.

Als bisher südlichster Fundort von Feuersteinwerkzeugen der „Hamburger Kultur" gilt der Stadtteil Frille von Petershagen (Kreis Minden Lübbecke) in Niedersachsen.

Ein großer Teil der Werkzeuge und Waffen der „Hamburger Kultur" wurde aus Rentiergeweih angefertigt. Eine Kombination aus Feuerstein und Rentiergeweih war der Riemenschneider. So nennt man einen Messergriff aus einer Geweihsprosse, in die schmale Schlitze gestichelt wurden, in die man Feuersteinmesser einsetzte. Einen solchen – verzierten – Riemenschneider hat man in Meiendorf gefunden. Aus Rentiergeweih wurden Nähnadeln mit Öhr geschaffen, die sich zum Nähen von Kleidung und Zeltplanen eigneten.

Zu den Waffen aus Geweih gehörten Harpunen- und Speerspitzen. Ihre Herstellung begann damit, dass man aus der Innenseite von Rentierstangen lange Späne schnitt. Dabei zog man mit einem Feuersteinstichel eine schmale Rinne von oben nach unten und vertiefte sie allmählich durch wiederholtes

Herunterziehen, bis man das poröse Innengewebe erreichte. Dann wurde etwa einen Fingerbreit daneben ein zweiter Trennkanal angelegt und mit einem krummen Zinken der Span weiter von der Unterlage gelöst. Mit Hilfe zugespitzter Knochenkeile und durch Hebeldruck hob man dann den Span ab, dem man durch Schnitzen die endgültige Form gab.
Wie die Angehörigen der „Hamburger Kultur" ihre Verstorbenen bestatteten, ist nicht bekannt, weil bisher keine Skelettreste oder Gräber entdeckt wurden. Vielleicht pflegten sie ähnliche Bestattungssitten wie die Magdalénien-Leute, bei denen Ganzkörperbestattungen, Kopfbestattungen und Leichenzerstückelung nachgewiesen sind.
Recht dürftig und umstritten sind die Hinweise auf die Religion der Menschen dieser Kulturstufe. Ob die in einem Eissee bei Meiendorf mit Steinen im Bauch versenkten Rentiere als Opfer für eine in der Unterwelt vermutete Gottheit dienten, die alle Tiere erschuf und immer wieder neue Tiere gebären ließ, wie Alfred Rust annahm, ist umstritten. Andere Prähistoriker meinen, auf diese Weise habe man die getöteten Rentiere lediglich n dem eiskalten Wasser konservieren wollen, wie dies noch in unserer Zeit in der Antarktis praktiziert wird. Vielleicht sind nur die extrem mageren Tiere ohne Nährwert ins Wasser geworfen worden, um den Siedlungsplatz von Fleischresten freizuhalten, damit keine Wölfe angelockt wurden. Man kann auch darüber spekulieren, ob der mit viel Mühe geschnitzte Poggenwischstab eine Rolle im Kult spielte. Für einen normalen Gebrauchsgegenstand hätte man wohl kaum soviel Zeit aufgewendet.
Generell dürfte die geistige Welt dieser Jäger und Sammler von der Furcht vor unerklärlichen Naturerscheinungen, in denen man das Werk von Geistern oder Göttern erblickte, geprägt gewesen sein. Die Bitten an die Geister oder Gottheiten galten

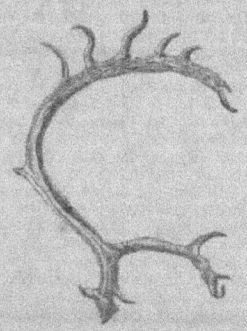

Bilder auf den Seiten 38 und 39:

*Information über die Sonderausstellung
„Eiszeitliche Rentierjäger in Stormarn" im Schloß Ahrensburg
im Februar/März 1935.
Auf Seite 39 ist das Skelett eines weiblichen Rentieres
mit einem großen Stein im Brustkorb zu sehen.*

Rochen. Mäander und Rinnenmuster zieren zwei der Riemenschneider.

Daneben liegt eine durchbohrte Bernsteinscheibe, ein Amulett, das zahlreiche Schrammen aufweist. Diese Kratzer sind z. T. Zeichnungen, die durch Schaber teilweise wiederentfernt sind. Der Kopf eines Wildpferdes ist gut zu erkennen. Ähnliches kennt man aus gleicher Zeit in Südfrankreich. Offenbar handelt es sich um einen Jagdzauber.

Das letzte hochinteressante Stück ist das Skelett eines weiblichen Rentieres, in dessen Brustkorb ein großer Stein liegt. Da die Moschusknochen unversehrt sind, man also auf diesen Leckerbissen verzichtet hat, dürfte es sich um ein Opfer handeln. Aber ob Jagdzauber, Wegzehrung ins Jenseits oder ein Fruchtbarkeitszauber der Grund zu opfern war, das mag ein jeder sich selber ausmalen.

Die Funde führen uns um mindestens 20 000 Jahre in die Vorzeit zurück. Von einem früheren kleinen Teich in Stormarn fällt nicht nur auf unsere Heimatgeschichte neues Licht, sondern wir bekommen einen die Wissenschaft überraschenden Aufschluß über das handwerkliche, künstlerische und seelische Verhalten der eiszeitlichen Renntierjäger überhaupt. Es sind Funde, die die Blicke aller Fachgelehrten auf Stormarn richten.

Man kann daher Herrn Prof. Dr. Schwantes, dem Direktor des Schleswig-Holsteinischen Museums Vorgeschichtlicher Altertümer, nicht genug danken, daß er im Sinne einer neuen Museumsauffassung die für die Kenntnis der Altsteinzeit Europas wichtigsten Funde der letzten Jahre zuerst und so schnell in Ahrensburg hat aufstellen lassen. P. P.

wohl meist dem erhofften Jagdglück und der Abwehr von Krankheit und Tod. Funde aus anderen Kulturen der Altsteinzeit und Mittelsteinzeit belegen die Existenz von Schamanen oder Zauberern in abenteuerlicher Verkleidung.

Als Tier-Mensch-Mischwesen verkleideter Schamane,
Darstellung aus der altsteinzeitlichen Kulturstufe Magdalénien
in der Grotte Les Trois Frères („Drei-Brüder-Höhle")
im französischen Département Arièges
Bild (via Wikimedia Commons),
Lizenz: gemeinfrei (Public domain)

Literatur

ARCHÄOLOGISCHES LANDESMUSEUM DER CHR.-ALBRECHTS-UNIVERSITÄT (Herausgeber): Steinzeitliche Jäger in Schleswig-Holstein, Schleswig 1998.

BOKELMANN, Klaus: Rentierjäger am Gletscherrand in Schleswig-Holstein. In: Offa, S. 12–22, Neumünster 1979.

BOKELMANN, Klaus / HEINRICH, Dirk / MENKE, Burchard: Fundplätze des Spätglazials am Hainholz-Esinger Moor, Kreis Pinneberg. In: Offa, S. 199–259, Neumünster 1983.

BOSINSKI, Gerhard: Der Poggenwischstab. In: Bonner Jahrbücher, S. 83–92, Bonn 1978.

GRAMSCH, Bernhard: Hamburger Kultur. In:
HERMANN, Joachim: Lexikon früher Kulturen, S. 342, Leipzig 1981.

KERSTEN, Karl: Festschrift für Gustav Schwantes zum 65. Geburtstag, Neumünster 1951.

LANGER, Kurt: Zu den Fundplätzen der Hamburger Kultur in Cuxhaven unter besonderer Berücksichtigung des Fundplatzes Hasenheide. In: Die Kunde, S. 25–35, Hannover 1979.

RUST, Alfred: Eine jungpaläolithische Gesichtsplastik aus Ahrensburg-Poggenwisch. In: Hammaburg, S. 1–3, Hamburg 1951/52.

RUST, Alfred: Die jungpaläolithischen Zeltanlagen von Ahrensburg. In: Vor- und frühgeschichtliche Untersuchungen aus dem Schlewig-Holsteinischen Landesmuseem für Vor- und Frühgeschichte in Schleswig und dem Institut für Ur- und Frühgeschichte der Universität Kiel. Neue Folge 15, Neumünster 1958.

RUST, Alfred: Rentierjäger der Eiszeit in Schleswig-Holstein. In: Archäologisches Landesmuseum der Christian-Albrechts-Universität, Wegweiser durch die Sammlung, Neumünster 1987.
SCHWABEDISSEN, Hermann: Die Hamburger Stufe im nordwestlichen Deutschland. In: Offa, S. 1–30, Kiel 1937.
SCHWABEDISSEN, Hermann: Ein eiszeitlicher Fundplatz auf der Glaner Heide bei Wildeshauscn. In: Oldenburger Jahrbuch, S. 167–186, Oldenburg 1938.
SCHWABEDISSEN, Hermann: Zur Besiedlung des Nordseeraumes in der älteren und mittleren Steinzeit. In: Festschrift für Gustav Schwantes zum 65. Geburtstag, S. 59–98, Neumünster 1951.
SCHWANTES, Gustav: Die ältesten Bewohner des mittleren Norddeutschland. In:
Forschungen und Fortschritte, S. 261–262, Berlin 1933.
TROMNAU, Gernot: Ein jungpaläolithischer Hüttengrundriß auf der Teltwisch bei Ahrensburg, Kr. Stormarn. In: Offa, S. 106–108, Neumünster 1970.
TROMNAU, Gernot: Ausgrabungen jungpaläolithischer Rentierjägerlager auf der Teltwisch im Ahrensburger Tunneltal, Kreis Stormarn. In: Archäologisches Korrespondenzblatt, S. 393–398, Mainz 1973.
TROMNAU, Gernot: Der jungpaläolithische Fundplatz Schalkholz, Kreis Dithmarschen. In: Hammaburg, S. 9–22, Neumünster 1974.
TROMMNAU, Gernot: Neue Ausgrabungen im Ahrensburger Tunneltal. Ein Beitrag zur Erforschung des Jungpaläolithikums im nordwesteuropäischen Flachland. In: Offa-Bücher, Neumünster 1975.
TROMNAU, Gernot: Die jungpaläolithischen Fundplätze im Stellrnoorer Tunneltal im Überblick. In: Hammaburg,

S. 9–20, Neumünster 1975.
TROMNAU, Gernot: Die Fundplätze der Hamburger Kultur von Heber und Deimern, Kreis Soltau, Hildesheim 1975.
TROMMNAU, Gernot: Rentierjäger der Späteiszeit in Norddeutschland. In: Wegweiser zur Vor- und Frühgeschichte in Niedersachsens, Hildesheim 1976.
TROMNAU, Gernot: Alfred Rust. 4. Juli 1900 – 14. August 1983. In: Hammaburg, S. 9–13, Neumünster 1984.
WIKIPEDIA (Online-Lexikon): Hamburger Kultur. https://de.wikipedia.org/wiki/Hamburger_Kultur
ZOLLER, Dieter: Die Ergebnisse der Grabung auf der Querenstedter Düne bis Juni 1962. In: Nachrichten aus Niedersachsens Urgeschichte. S. 189–192, Hildesheim 1962.

Autor Ernst Probst.
Foto: Klaus Benz, Fotograf, Mainz-Laubenheim

Der Autor

Ernst Probst, geboren am 20. Januar 1946 in Neunburg vorm Wald im bayerischen Regierungsbezirk Oberpfalz, ist Journalist und Wissenschaftsautor. Er arbeitete von 1968 bis 1971 bei den „Nürnberger Nachrichten", von 1971 bis 1973 in der Zentralredaktion des „Ring Nordbayerischer Tageszeitungen" in Bayreuth und von 1973 bis 2001 bei der „Allgemeinen Zeitung", Mainz. In seiner Freizeit schrieb er Artikel für die „Frankfurter Allgemeine Zeitung", „Süddeutsche Zeitung", „Die Welt", „Frankfurter Rundschau", „Neue Zürcher Zeitung", „Tages-Anzeiger", Zürich, „Salzburger Nachrichten", „Die Zeit", „Rheinischer Merkur", „Deutsches Allgemeines Sonntagsblatt", „bild der wissenschaft", „kosmos", „Deutsche Presse-Agentur" (dpa), „Associated Press" (AP) und den „Deutschen Forschungsdienst" (df). Aus seiner Feder stammen die Bücher „Deutschland in der Urzeit" (1986), „Deutschland in der Steinzeit" (1991), „Rekorde der Urzeit" (1992), „Dinosaurier in Deutschland" (1993 zusammen mit Raymund Windolf) und „Deutschland in der Bronzezeit" (1996). Von 2001 bis 2006 betätigte sich Ernst Probst als Buchverleger sowie zeitweise als internationaler Fossilienhändler und Antiquitätenhändler. Insgesamt veröffentlichte er mehr als 300 Bücher, Taschenbücher, Broschüren und über 300 E-Books.

Wappen der Stadt Ahrensburg (Kreis Stormarn)
in Schleswig-Holstein.
Unter einer Burg mit Türmen und offenem Tor
befindet sich auf einem Pfahl
der stilisierte Schädel eines Rentieres mit Geweih.
Entwurf: Atelier Eckart aus Ahrensburg.
Bild: Kommunale Wappenrolle Schleswig-Holstein
(via Wikimedia Commons),
Lizenz: gemeinfrei (Public domain)

Bücher von Ernst Probst

(Auswahl)

Als Mainz im Meer lag
Als Mainz noch nicht am Rhein lag
Der Europäische Jaguar
Der Mosbacher Löwe. Die riesige Raubkatze aus Wiesbaden
Der Rhein-Elefant. Das Schreckenstier von Eppelsheim
Der Ur-Rhein. Rheinhessen vor zehn Millionen Jahren
Deutschland im Eiszeitalter
Deutschland in der Frühbronzezeit
Deutschland in der Mittelbronzezeit
Deutschland in der Spätbronzezeit
Die Aunjetitzer Kultur in Deutschland
Die Straubinger Kultur in Deutschland
Die Singener Gruppe
Die Arbon-Kultur in Deutschland
Die Ries-Gruppe und die Neckar-Gruppe
Die Adlerberg-Kultur
Der Sögel-Wohlde-Kreis
Die nordische Bronzezeit in Deutschland
Die Hügelgräber-Kultur in Deutschland
Die ältere Bronzezeit in Nordrhein-Westfalen
Die Bronzezeit in der Lüneburger Heide
Die Stader Gruppe
Die Oldenburg-emsländische Gruppe
Die Urnenfelder-Kultur in Deutschland
Die ältere Niederrheinische Grabhügel-Kultur
Die Unstrut-Gruppe

Die Helmsdorfer Gruppe
Die Saalemündungs-Gruppe
Die Lausitzer Kultur in Deutschland
Die Dolchzahnkatze Megantereon
Die Dolchzahnkatze Smilodon
Die Säbelzahnkatze Homotherium
Die Säbelzahnkatze Machairodus
Die Schweiz in der Frühbronzezeit
Die Rhône-Kultur in der Westschweiz
Die Arbon-Kultur in der Schweiz
Die Schweiz in der Mittelbronzezeit
Die Schweiz in der Spätbronzezeit
Dinosaurier von A bis K. Von Abelisaurus bis zu Kritosaurus
Dinosaurier von L bis Z. Von Labocania bis zu Zupaysaurus
Der rätselhafte Spinosaurus. Leben und Werk des Forschers Ernst Stromer von Reichenbach
Eiszeitliche Geparde in Deutschland
Eiszeitliche Leoparden in Deutschland
Höhlenlöwen. Raubkatzen im Eiszeitalter
Hermann von Meyer. Der große Naturforscher aus Frankfurt am Main
Johann Jakob Kaup. Der große Naturforscher aus Darmstadt
Krallentiere am Ur-Rhein
Neues vom Ur-Rhein. Interview mit dem Geologen und Paläontologen Dr. Jens Sommer
Österreich in der Frühbronzezeit
Österreich in der Mittelbronzezeit
Österreich in der Spätbronzezeit
Raub-Dinosaurier von A bis Z. Mit Zeichnungen von

Dmitry Bogdanav und Nobu Tamura
Rekorde der Urmenschen. Erfindungen, Kunst und Religion
Rekorde der Urzeit. Landschaften, Pflanzen und Tiere
Säbelzahnkatzen. Von Machairodus bis zu Smilodon
Säbelzahntiger am Ur-Rhein. Machairodus und Paramachairodus
Was ist ein Menhir? Interview mit dem Mainzer Archäologen Dr. Detert Zylmann
Wer ist der kleinste Dinosaurier? Interviews mit dem Wissenschaftsautor Ernst Probst
Wer war der Stammvater der Insekten? Interview mit dem Stuttgarter Biologen und Paläontologen Dr. Günther Bechly
6000 Jahre Kastel. Von der Steinzeit bis zum 21. Jahrhundert
5000 Jahre Kostheim. Von der Steinzeit bis zum 21. Jahrhundert
Kastel in der Vorzeit. Von der Jungsteinzeit bis Christi Geburt
Kostheim in der Vorzeit. Von der Jungsteinzeit bis Christi Geburt
Wiesbaden in der Steinzeit
Die Altsteinzeit. Eine Periode der Steinzeit in Europa vor etwa 1.000.000 bis 10.000 Jahren
Anno 1.000.000. Deutschland in der älteren Altsteinzeit
Das Protoacheuléen. Eine Kulturstufe der Altsteinzeit vor etwa 1,2 Millionen bis 600.000 Jahren
Das Altacheuléen. Eine Kulturstufe der Altsteinzeit vor etwa 600.000 bis 350.000 Jahren
Das Jungacheuléen. Eine Kulturstufe der Altsteinzeit vor etwa 350.000 bis 150.000 Jahren
Das Spätacheuléen. Eine Kulturstufe der Altsteinzeit vor etwa 150.000 bis 150.000 Jahren

Die Lanze von Lehringen. Der Jahrhundertfund aus der Altsteinzeit

Das Moustérien. – Die große Zeit der Neanderthaler

Das Aurignacien. Eine Kulturstufe der Altsteinzeit vor etwa 40.000 bis 31.000 Jahren

Das Gravettien. Eine Kulturstufe der Altsteinzeit vor etwa 35.000 bis 24.000 Jahren

Das Magdalénien. Die Blütezeit der Rentierjäger vor etwa 18.000 bis 14.000 Jahren

Die Hamburger Kultur. Eine Kulturstufe der Altsteinzeit vor etwa 15.700 bis 14.200 Jahren

Die Federmesser-Gruppen. Eine Kulturstufe der Altsteinzeit vor etwa 14.000 bis 12.800 Jahren

Das Steinzeit-Grab von Bonn-Oberkassel. Ein rätselhafter Fund aus der Zeit der Federmesser-Gruppen

Die Ahrensburger Kultur. Eine Kulturstufe der Altsteinzeit vor etwa 12.760 bis 11.650 Jahren

Die Altsteinzeit in Österreich., Jäger und Sammler vor 250.000 bis 10.000 Jahren

Das Jungacheuléen in Österreich

Das Moustérien in Österreich

Das Aurignacien in Österreich

Das Gravettien in Österreich

Das Magdalénien in Österreich

Das Magdalénien in der Schweiz

Die Mittelsteinzeit

Deutschland in der Mittelsteinzeit

Die Mittelsteinzeit in Baden-Württemberg

Die Mittelsteinzeit in Bayern

Die Mittelsteinzeit in Rheinland-Pfalz

Die Mittelsteinzeit in Hessen

Die Mittelsteinzeit in Nordrhein-Westfalen
Die Mittelsteinzeit in Niedersachsen
Die Mittelsteinzeit in Thüringen, Sachsen-Anhalt, Sachsen und im südlichen Brandenburg
Die Mittelsteinzeit in Schleswig-Holstein, Mecklenburg und im nördlichen Brandenburg
Die ersten Bauern in Deutschland. Die Linienbandkeramische Kultur (5.500 bis 4.900 v. Chr.)
Die Ertebölle-Ellerbek-Kultur. Eine Kultur der Jungsteinzeit vor etwa 5.000 bis 4.300 v. Chr.
Die Stichbandkeramische Kultur Eine Kultur der Jungsteinzeit vor etwa 4.900 bis 4.500 v. Chr.
Die Oberlauterbacher Gruppe. Eine Kulturstufe der Jungsteinzeit vor etwa 4.900 bis 4.500 v. Chr.
Die Hinkelstein-Gruppe. Eine Kulturstufe der Jungsteinzeit vor etwa 4.900 bis 4.800 v. Chr.
Die Rössener Kultur. Eine Kultur der Jungsteinzeit vor etwa 4.600 bis 4.300 v. Chr.
Die Kupferzeit. Wie die ersten Metalle in Mitteleuropa bekannt wurden
Die Michelsberger Kultur. Eine Kultur der Jungsteinzeit vor etwa 4.300 bis 3.500 v. Chr.
Das Rätsel der Großsteingräber. Die nordwestdeutsche Trichterbecher-Kultur vor etwa 4.300 bis 3.000 v. Chr.
Die Baalberger Kultur. Eine Kultur der Jungsteinzeit vor etwa 4.300 bis 3.700 v. Chr.
Pfahlbauten in Süddeutschland. Dörfer der Jungsteinzeit und Bronzezeit an Seen, Mooren und Flüssen
Die Altheimer Kultur / Die Pollinger Gruppe. Zwei Kulturen der Jungsteinzeit vor etwa 3.900 bis 3.500 v. Chr.
Die Salzmünder Kultur. Eine Kultur der Jungsteinzeit vor

etwa 3.700 bis 3.200 v. Chr.
Die Chamer Gruppe. Eine Kulturstufe der Jungsteinzeit vor etwa 3.500 bis 2.800 v. Chr.
Die Wartberg-Kultur. Eine Kultur der Jungsteinzeit vor etwa 3.500 bis 2.800 v. Chr.
Die Walternienburg-Bernburger Kultur. Eine Kultur der Jungsteinzeit vor etwa 3.200 bis 2.800 v. Chr.
Die Kugelamphoren-Kultur. Eine Kultur der Jungsteinzeit vor etwa 3.100 bis 2.700 v. Chr.
Die Schnurkeramischen Kulturen. Kulturen der Jungsteinzeit von etwa 2.800 bis 2.400 v. Chr.
Die Einzelgrab-Kultur. Eine Kultur der Jungsteinzeit vor etwa 2.800 bis 2.300 v. Chr.
Die Schönfelder Kultur. Eine Kultur der Jungsteinzeit vor etwa 2.800 bis 2.200 v. Chr.
Die Glockenbecher-Kultur. Eine Kultur der Jungsteinzeit vor etwa 2.500 bis 2.200 v. Chr.
Die ersten Bauern in Österreich. Die Linienbandkeramische Kultur vor etwa 5.500 bis 4.900 v. Chr.
Die Lengyel-Kultur in Österreich. Eine Kultur der Jungsteinzeit vor etwa 4.900 bis 4.400 v. Chr.
Die Mondsee-Gruppe. Eine Kulturstufe der Jungsteinzeit vor etwa 3.700 bis 2.900 v. Chr.
Die Badener Kultur in Österreich. Eine Kultur der Jungsteinzeit vor etwa 3.600 bis 2.900 v. Chr.
Die ersten Pfahlbauten in der Schweiz. Die Anfänge der Pfahlbauforschung und die Egolzwiler Kultur
Die Cortaillod-Kultur. Eine Kultur der Jungsteinzeit vor etwa 4.000 bis 3.500 v. Chr.
Die Pfyner Kultur in der Schweiz. Eine Kultur der Jungsteinzeit vor etwa 4.000 bis 3.500 v. Chr.

Die Horgener Kultur in der Schweiz. Eine Kultur der Jungsteinzeit vor etwa 3.500 bis 2.800 v. Chr.
Die Schnurkeramiker in der Schweiz. Eine Kultur der Jungsteinzeit vor etwa 2.800 bis 2.400 v. Chr.

www.ingramcontent.com/pod-product-compliance
Lightning Source LLC
Chambersburg PA
CBHW071123240526
45465CB00023B/791